神奇生物世界丛书

主　编　杨雄里
执行主编　顾洁燕

肚兜先生

兽类王国大揭秘三

裘树平　编著

U0395737

上海科学普及出版社

神奇生物世界丛书编辑委员会

主　　编　杨雄里

执行主编　顾洁燕

编辑委员　（以姓名笔画为序）

王义炯　岑建强　郝思军　费　嘉　秦祥堃　裘树平

《肚兜先生——兽类王国大揭秘三》

编　　著　裘树平

序　言

你想知道"蜻蜓"是怎么"点水"的吗？"飞蛾"为什么要"扑火"？"噤若寒蝉"又是怎么一回事？

你想一窥包罗万象的动物世界，用你聪明的大脑猜一猜谁是"智多星"？谁又是"蓝精灵""火龙娃"？

在色彩斑斓的植物世界，谁是"出水芙蓉"？谁又是植物界的"吸血鬼"？树木能长得比摩天大楼还高吗？

你会不会惊讶，为什么恐爪龙的绰号叫"冷面杀手"？为什么镰刀龙的诨名是"魔鬼三指"？为什么三角龙的外号叫"愣头青"？

你会不会好奇，为什么树懒是世界上最懒的动物？为什么家猪爱到处乱拱？小比目鱼的眼睛是如何"搬家"的？

……

如果你想弄明白这些问题的真相，那么就请你翻开这套丛书，踏上神奇的生物之旅，一起去揭开生物世界的种种奥秘。

习近平总书记强调，科技创新、科学普及是实现创新发展的两翼。科普工作是国家基础教育的重要组成部分，是一项意义深远的宏大社会工程。科普读物传播科学知识、科学方法，弘扬渗透于科学内容中的科学思想和科学精神，无疑有助于开发智力，启迪思想。在我看来，以通俗、有趣、生动、幽默的形式，向广大少年儿童普及物种的知识，普及动植物的知识，使他们从小就对千姿百态的生物世界产生浓厚的兴趣，是一件迫切而又重要的事情。

"神奇生物世界丛书"是上海科学普及出版社推出的一套原创科普图书，融科学性、知识性、趣味性于一体。丛书从新的视野和新的角度，辑录了200余种多姿多彩的动植物，在确保科学准确性的前提下，以通俗易懂的语言、妙趣横生的笔触和五彩斑斓的画面，全景式地展现了生物世界的浩渺与奇妙，读来引人入胜。

　　丛书共由10种图书构成，来自兽类王国、鸟类天地、水族世界、爬行国度、昆虫军团、恐龙帝国和植物天堂的动植物明星逐一闪亮登场。丛书作者巧妙运用了自述的形式，让生物用特写镜头自我描述、自我剖析、自我评说、畅所欲言，充分展现自我。小读者们在阅读过程中不免喜形于色，从而会心地感到，这些动植物物种简直太可爱了，它们以各具特色的外貌和行为赢得了所有人的爱怜，它们值得我们尊重和欣赏。我想，能与五光十色的生物生活在同一片蓝天下、同一块土地上，是人类的荣幸和运气。我们要热爱地球，热爱我们赖以生存的家园，热爱这颗蓝色星球上的青山绿水，以及林林总总的动植物。

　　丛书关于动植物自述板块、物种档案板块的构思，与科学内容珠联璧合，是独具慧眼、别出心裁的，也是其出彩之处。这套丛书将使小读者们激发起探索自然和保护自然的热情，使他们从小建立起爱科学、学科学和用科学的意识。同时，他们会逐渐懂得，尊重与这些动植物乃至整个生物界的相互关系是人类的职责。

　　我热情地向全国的小学生、老师和家长们推荐这套丛书。

杨雄里

2017年7月

目　录

鸭嘴兽

绰号：会生蛋的小兽

在很长一段时间里，动物学家对我很头疼，搞不清我该属于哪一类动物。有些人说是鸟类，因为我有一张扁扁的鸭子嘴，而且会生蛋；但也有人说是哺乳动物，因为我全身长满兽毛，而且用乳汁哺育孩子。后来经过长期的争论，终于确定我属于最原始的哺乳动物，但在我身上还保留着一些鸟类和爬行动物的特征。

我们的后代刚诞生时只是一个软壳蛋，几天后，鸭嘴兽的幼仔破壳而出，根据气味爬到妈妈的肚子上找吃的。由于鸭嘴兽母亲没有乳房和乳头，乳汁只能从腹部的两侧分泌出来，让小家伙们张开扁嘴舔食。

物种档案

鸭嘴兽是澳大利亚特有的珍贵动物，通常栖息在河流沿岸。一旦它发现了中意的生活环境，就挥动"工兵铲"——具有尖利脚爪的四肢，在河边挖掘地道和洞穴，作为自己安居的家。鸭嘴兽对居家环境的选择有一个苛刻要求，那就是附近的水域必须清澈洁净。因为它对水质的污染非常敏感，哪怕水域受到轻微的污染，也会使鸭嘴兽难以忍受。所以，澳大利亚还将它作为检查淡水水质是否被污染的"指示动物"。

白天，鸭嘴兽通常在窝里睡大觉，到了傍晚才外出找食。由于它善于挖掘，那些躲藏在地下的蚯蚓和各种昆虫，很容易成为它的口中之食。但鸭嘴兽具有出色的游泳技能，因此更爱到水中捕食。它的脚趾间有蹼，能当"桨"划，尾巴又宽又扁，可以当作掌握方向的"舵"，使它在水中像鱼儿一样灵活。鸭嘴兽最爱吃的食物是溪流中的鱼虾和贝类，有时也会潜到水底寻找泥沙中的蠕虫。

刺猬

绰号：动物仙人球

　　我是一种有趣可爱的小动物，胖胖的身体，小眼睛，小耳朵，四条短小的腿。我的最大特点是满身尖刺，那可是用来保命的防身武器，当我遇到强大的敌人时，我会马上将身体卷成一个刺球，叫敌人没法下口。

　　为了使自己的防身武器更厉害，我还会去捕杀一种有毒的癞蛤蟆，用嘴将癞蛤蟆身上的毒液吸出来，涂到尖刺上，这样就更安全啦！曾经有一次遇到一条蛇来偷袭，我突然竖起涂过毒液的尖刺，朝它狠狠刺了几下，那条倒霉的蛇居然中毒死去了。看来，毒液的威力还真不小。

物种档案

平时说的刺猬其实是一个类群，一共有17种，仅仅我国就有6种，它们中有的咖啡色，有的黄白色，有的小如拳头。我们最常见、最熟悉的刺猬来自于我国的东北、华北和华东地区。它的食性很广泛，比较爱吃昆虫、幼鸟、蛙类和蜥蜴，甚至还敢捕食小型的毒蛇。如果找不到荤食，它也会找些瓜果蔬菜等素食充饥。

到了深秋气候渐冷，刺猬就躲进洞穴冬眠，一连睡5个月，直至春暖花开季节才苏醒。冬眠醒来之后第一件事是找食物大吃一顿，然后开始准备繁殖后代。刺猬一年能够生两胎，每胎能有六七只小刺猬呢！

有人说，刺猬浑身尖刺的超级防护应该没有害怕的敌人了吧，其实，大多数食肉动物对刺猬无可奈何，但也有少数具备特殊本领的动物是例外。最典型的例子是黄鼠狼，面对卷成一团的刺猬，会朝着刺团的缝隙分泌出臭液，也就是俗称"放臭屁"。刺猬被臭液麻醉，全身瘫痪，身体不由自主舒展开来，成为黄鼠狼的美食。

豪猪

有人把我比作"放大的刺猬"，那可就大错特错了。我不仅个头比刺猬大出好多倍，浑身上下的长刺又硬又粗，而且刺尖上常常有倒钩，只要扎进敌人的皮肤中，敌人越挣扎，倒钩刺就扎得越深，所以，就连狮子都不敢轻易惹我。

物种档案

豪猪的另一个名字叫刺猪，因为从体型上看的确有点像猪，只不过个头小很多，而且全身长刺。不同地域的豪猪不仅体型差别很大，而且习性也天差地别。

亚洲豪猪体重大约10千克，喜爱群居在山林中，每到晚上成群结队出动觅食，除了吃野生植物的根茎和果实外，更爱啃食番薯、玉米等粮食作物和瓜果蔬菜，深受当地山民的痛恨，被定性为害兽。

而体重达到20千克的非洲豪猪，却受到当地人的喜爱。动物学家曾经亲眼见到这样的场面：狮子捕到了一头斑马，吃掉大半后离开了。早已等候在一边的鬣狗一拥而上，吃掉了剩下的斑马肉。接着，天空中飞来大批秃鹫，利用尖嘴和利爪将藏在骨头缝隙中的肉丝吃得干干净净。最后上场的是非洲豪猪，它们具有特别锐利的牙齿，剩下的这副空骨架，恰恰对它们胃口，一顿大啃大嚼后全部将其吃光，既填饱了肚子，又将草原上的尸骸打扫干净，所以就赢得了"清道夫"的美称。

在我生活的非洲大草原上，经常能见到一堆堆猛兽吃剩下的猎物尸骨，这些"别人"难以入口的坚硬骨头，在我豪猪面前却犹如小菜一碟，因为我有一对超级锋利的大门牙，坚硬的骨头到我嘴里很快变成了"炒米粉"。因为我清洁草原尸骨有功，获得了人类赠送的光荣称号——"草原清道夫"。

袋鼠

绰号：肚兜先生

在澳大利亚大草原上，我是无人不知的动物大明星。我外表古怪有趣，小小的脑袋，大大的身体，前肢短小瘦弱，如同人类的双手，后肢却特别粗壮发达有力，使劲一蹦，能向前飞跃五六米。但是，我最大的特点是在肚子前面有一个皮口袋，那可是我养育孩子的地方，所以又叫育儿袋。

在这儿要告诉大家一个小秘密，育儿袋只有像我这样的雌袋鼠才有，雄袋鼠是没有的。当我快要生孩子的时候，会忙着打扫育儿袋，用舌头把里面的脏东西舔出来，务必要舔得干干净净。刚刚生下的袋鼠宝宝只有鸡蛋那么大，好像一个又红又嫩的无毛小肉团，它们躲在育儿袋中叼着奶头吸奶，3个月后才能独立行动。当外出的孩子一遇到危险，会马上钻到育儿袋里躲起来。

物种档案

澳大利亚是袋鼠的王国，袋鼠不仅是这个国家的特有动物，而且还成为国家的象征，甚至还占据了一半的国徽图案。地球上大约有60种袋鼠，几乎都生活在澳大利亚，其中最著名的是大袋鼠。大袋鼠如果站起身有2米多高，行动时，短小的前肢几乎不落地，完全依靠两条强健的后腿跳跃。它的尾巴又粗又长，用处很大。当大袋鼠跳跃前行时，通过摆动大尾巴保持平衡；休息时，大尾巴支在地上，与两条后腿组成一个三角支架，稳稳地支撑住身体，好像大袋鼠的第三只"脚"。

大袋鼠喜欢群居生活，每群大约10只。为了争夺家族的首领宝座，年轻力壮的雄袋鼠之间经常发生"战争"。它们的打架很有意思，双方后腿直立，尾巴撑地，彼此用前肢猛击对方，动作有点像人类的拳击手。

在澳大利亚公路上，经常能见到画有袋鼠的警示路牌。这是因为车子夜间行驶时，袋鼠见到车灯，会以为敌人来袭击，于是纷纷跳上公路，迎着灯光去战斗。结果，不是袋鼠被撞死，就是小车被撞翻。

树袋熊

绰号：考拉

我和袋鼠一样，也是澳大利亚特有的动物，身上也有一个育儿袋，只不过，袋鼠的育儿袋在肚子前，我的却在后背。很多人以为我喜欢背孩子，其实，那是因为孩子不愿离开后背的育儿袋，常常露出可爱的小脑袋，从后面抱住我。

物种档案

哺乳动物中有一个类别很特殊，那就是在雌兽身上有个育儿袋，孩子刚生下来时一直待在育儿袋内，直到逐渐长大能够独立生活，人类将它们归为有袋类动物。这类动物除了袋鼠和树袋熊之外，还有负鼠、袋猫、袋狼、袋鼬、袋食蚁兽等，共有100多种，它们大多数都分布在澳大利亚。所以，人们把澳大利亚称为有袋类动物的故乡。

负鼠是有袋类动物中极少数的非澳大利亚"居民"，生活在南美洲的草原地区。它在动物界中大名鼎鼎，并非因为隶属于有袋类，而是它的装死绝技。它在即将被敌人擒获时，会立即躺倒在地，伸出舌头，眼睛紧闭，肚皮鼓得老大，而且停止呼吸和心跳。如果这样的假死还不能迷惑敌人，它会再施绝招，从体内排出一种黄色液体，带有浓浓的尸体腐烂的恶臭气味。大多数捕食者都喜欢吃新鲜的肉，对死尸腐肉不感兴趣。负鼠等到敌害走远之后便恢复正常，见周围已没有什么危险，就立即爬起来逃之夭夭。

负鼠

因为我的四肢有弯曲坚硬的爪子，能牢牢抓住树干，所以我喜欢在树上生活，平时几乎不下地。白天，我在树杈上睡大觉，到了晚上开始进食。我对食物有严格要求，拒绝吃荤食，只吃桉树的嫩枝嫩叶，别的植物我根本不碰。由于我专吃桉树叶，身上会发出一种桉树油的气味，可以驱逐各种寄生虫。

蝙 蝠

绰号：会飞的老鼠

有人说我是没有羽毛的小鸟，那可大错特错了。我是善于飞翔的哺乳动物，或者说是会飞的小野兽，大名叫蝙蝠。大家知道，鸟儿能在天空自由飞翔，是依靠一对长满羽毛的翅膀，而我的翅膀没有羽毛，为什么也能飞翔呢？原来，我的前肢指骨特别长，从皮肤上延伸出来一层薄膜正好蒙在长长的指骨上，就像一对滑翔机的机翼。

我是动物界的捕虫专家，每天要吃几百只小昆虫，它们大多数是蚊子之类的坏家伙，像我这样的食虫蝙蝠对人类贡献很大哦。

物种档案

在夏天的傍晚，经常能见到蝙蝠在空中盘旋飞行捕食蚊虫。虽然蝙蝠是出色的飞行家，但它的视力极差，和瞎子没啥两样，那么，它是怎样捕食空中飞行的蚊虫呢？

原来，蝙蝠在飞行时，会发出频率特别高的超声波，这种超声波在空中一遇到障碍物，能很快反射回来让蝙蝠接受，使它不会东碰西撞。蝙蝠根据反射信号的强弱，可以瞬间判断前方是小昆虫，还是阻挡前行的障碍物。有人曾经做个这样一个实验，就是把蝙蝠的眼睛蒙住，结果发现它照样能飞，但是堵住了它的耳鼻嘴之后，它飞行时就会四处碰壁。原来，蝙蝠是用喉咙发出超声波，通过嘴巴和鼻子发射出去，而耳朵则能够接受反射来的回声。

蝙蝠的睡觉姿势很有趣，喜欢把身体倒挂在岩洞顶部或树枝上，这种睡相有什么好处呢？原来，吊着睡觉可使身体不直接碰到冰冷的岩壁，起到保暖作用，而且遇到危险时能更快地展翅飞走。

　　我是蝙蝠家族中令人恐怖的种类，依靠吸血为生，所以人类就给我起名叫吸血蝠。

　　我生活在潮湿的热带森林中，每当夜深人静时，就出去寻找下手的目标。一旦发现进入睡眠状态的动物，就悄悄飞近，用牙齿轻轻割开猎物的皮肤。由于我的牙齿像手术刀那样锋利，轻轻割开一个小口子几乎不会惊醒猎物。为了防止流出的血液凝固，我一边舔血，一边将唾液混入其中，因为我的唾液中有一种物质能够防止凝血。

　　我袭击的对象通常是牛、马、飞鸟以及鸡鸭，但偶尔也会找上人类。吸人血的时候我会特别当心，先是无声无息地飞到床上，对睡觉的人轻咬一小口，试探是否睡熟，然后再用牙齿割开皮肤吸血。

食果蝠

食鱼蝠

蝙蝠是一个种类繁多的大家族,除了食虫蝠和吸血蝠,还有食果蝠、食鱼蝠和食蛙蝠等。

食果蝠最爱吃香蕉、红毛丹等甜甜的水果。曾经有人在东南亚拍摄到这样一个场面,一大片果实成熟的红毛丹树林中,食果蝠成群结队地从低空飞来,浩浩荡荡,队伍长达数百米。很快,树林中就响起了嘈杂之声,有食果蝠争食发出的"吱吱"声、剥壳声,还有果实的落地声。很快,所有的红毛丹果实都被扫荡一空。

食鱼蝠较为少见,但有一位动物学家花了大量时间躲在河边树林中,耐心等待机会。他终于看到食鱼蝠飞到河面上空,它先是来回盘旋寻找目标,然后突然将硕大的尖爪伸入水中,抓住了一条鱼。动物学家也如愿以偿地拍到了这个珍贵的镜头。

很多人以为蝙蝠都是迷你型小兽,但是当你来到南太平洋中的巨蝠岛,就能见到令人难以想象的超级大蝙蝠。在海岛的地下迷宫中,洞顶吊挂着一只只巨蝠,它们群居在一起,黑压压的一大片,飞行时,两翼展开长达1米多,简直像一只只大鹰。

穿山甲

绰号：铠甲武士

我和大多数哺乳动物不一样，全身上下没有一根兽毛，但裹满了坚硬的大鳞片，仿佛身披铠甲的武士。虽然我的外表威风凛凛，但性格却非常温顺，从不与其他大动物发生争斗。如果我遇到猛兽，只会条件反射地做出消极防御反应，将身体卷成一团，变成一个无法下口的鳞片铠甲球。

对我来说，最爱吃的美味是白蚁和蚂蚁。众所周知，白蚁会危害枕木、桥梁、房屋、堤坝和树木，而我恰恰是白蚁的死对头，仅仅我一只穿山甲，一天就能吃掉1千克白蚁，相当于保护了200亩山林免遭白蚁危害，所以人类将我称为"森林的忠实卫士"。

物种档案

白蚁和蚂蚁那么小，穿山甲怎样才能捕食到足够的数量填饱肚子呢？原来，穿山甲嘴里没有牙齿，但有一根细细长长的舌头，舌头上布满黏液，只要伸到蚁穴内转动几下，就能粘住很多白蚁。有时候，它会用尾巴钩住树枝，捕捉树上爬行的白蚁。

穿山甲除了用常规方法捕食白蚁和蚂蚁，有时候还会给猎物设下圈套。有一位动物学家曾经见到过一只"聪明"的穿山甲，它想不花力气大吃一顿，于是便在蚁穴边装死躺下，身体一动不动。装死的穿山甲将全身鳞片张开，体表的浓烈腥膻味从张开的鳞片中散发出来。气味一阵阵飘向蚁穴，给穴中的蚂蚁带来极大诱惑。于是，蚂蚁们纷纷出来，见到装死的穿山甲，还以为发现了一座"肉山"。它们纷纷爬到穿山甲的身上，这时候，穿山甲将全身肌肉一紧，鳞片突然全部合拢，将无数蚂蚁关闭在鳞片之内。然后，穿山甲带着满身蚂蚁，跳进附近的池塘，身子摇晃几下，蚂蚁纷纷落水，漂浮到水面上。接下来就是穿山甲的享受时刻，它伸出长带子般的舌头，把水面的蚂蚁舔食得一干二净。

食蚁兽

绰号：匕首

听名字就知道，我是一个贪吃蚂蚁和白蚁的大家伙。我的舌头和穿山甲一模一样，也是又细又长，特别适合舔食微小的蚁类。

我的老家在南美洲，喜欢生活在河边的森林湿地，那里最厉害的猛兽是美洲豹，但它也不敢轻易惹我，因为我的皮肤厚硬如盾，不怕豹爪，而且前肢的爪子强大如匕首。战斗时，我用粗壮巨大的尾巴支撑身体站立，挥动前肢奋力反击，如果实在抵抗不住，我还能转身退入河中逃之夭夭。除此以外，我的利爪不仅是武器，还是挖掘蚁穴的好工具。

在中南美洲的动物中有"三奇"，除了食蚁兽，另外"两奇"是树懒和犰狳。

树懒的最大特点是懒得出奇，整天在树枝上倒挂着身体睡觉，每天要睡18个小时。更不可思议的是，它的行动超级迟缓，通常每分钟只能移动12米，相当于身体长度的35倍，简直就是电影中的慢镜头动作。我们知道，蜗牛每分钟移动的距离相当于身体长度的40倍，如此说来，它的行动比蜗牛还慢！爱睡和移动迟缓使它成为世界上最懒的动物。科学家解释说，它这样懒惰，是因为它的体温较低，而且调节体温的能力很差，如果激烈运动，体温会迅速升高，甚至会危及它的生命。

犰狳和穿山甲类似，也是身披坚硬盔甲的动物，但它的盔甲是大块的骨板。犰狳爱吃昆虫之类的小动物，胆子极小，见到食肉猛兽，立即将身体卷起，变成一个坚硬的骨球。有趣的是，有些穷困的南美洲少年买不起足球，就将卷成一团的犰狳当球踢。

树懒

犰狳

狝猴

绰号：多动症

提到猴子，小朋友们最熟悉、最喜爱的要数我猕猴了。我就像患上了多动症的动物那样，没有片刻的安静消停，每时每刻都在上蹿下跳、抓耳挠腮，如同电视电影中的孙悟空那样，不动弹几下就感到难受。

我的另一个习性是吃相难看。小朋友在动物园中都见过我们进食吧，每一次都是你争我抢，拼命往嘴里塞食物，也不咀嚼，一副狼吞虎咽的样子。也许大家要问，这样难道不会噎着？当然不会，因为我们的口腔两侧有两个颊囊，先将抢来的食物塞满颊囊，再慢慢回到嘴里咀嚼。

物种档案

　　猕猴喜欢成群结队生活在一起，不管在野外森林还是动物园中，每个猕猴群相当于小小的社会，由身体最强壮的公猴当猴王。在猕猴群中，猴王有至高无上的权力，同时也担负着警戒、指挥和保护猴群的责任。猴群中的每一只公猴都羡慕猴王的宝座，成长起来的年轻公猴时刻想夺取这个宝座。于是，争夺猴王的搏斗经常在猴群中发生。这往往是你死我活的争斗，双方张牙舞爪，咧着嘴，竖起耳朵，不择手段地互相厮打。它们咬耳朵、抓眼珠、抠鼻孔、撕皮毛……结果往往双方都遍体鳞伤，鲜血淋漓。最后，胜者为王，失败的一方发出一声声悲鸣，夹着尾巴离开猴群。

　　猕猴和人类的食性差不多，荤素都吃。平时以树叶、嫩枝、野菜、植物的果实种子为食，为了换换口味，也常常想办法去捕食小鸟、鸟蛋、昆虫和其他各种小动物。

　　在动物界中，猕猴属于比较聪明的动物，它们能发出各种声音或用手势相互联系。

山魈　　　　　　　　　　　　　　金丝猴

除了猕猴之外，我们猴王国还有很多种类。例如被列为国家一级保护动物的金丝猴，珍贵程度绝对与大熊猫不相上下。山魈是我们猴类中的巨人，站起来有1米多高，力大无比。山魈的面目狰狞，鲜红的鼻子，蓝中透紫的面颊，加上它那暴烈的脾气，就连狮子、猎豹也不敢轻易招惹它。倭狨与山魈相反，是猴王国中最小的成员，身高只有12厘米高，由于它迷你型的身材，再加上活泼的性格，所以特别招人喜爱。

眼镜猴

倭狨

22

物种档案

金丝猴有三种，滇金丝猴、黔金丝猴和川金丝猴，都是我国特有的珍稀动物，而且是猴子中最不怕冷的种类。夏天，它们可以生活在海拔3000米的高山上，进入到雪线边缘的森林中活动，当冬季来临后，它们又会往下迁移，但绝不会迁到离人类很近的地方。

在非洲，常常能见到一种叫狒狒的大型猴子，它有一个大脑袋，光光的脸面没有毛。由于狒狒通常生活在半沙漠地区，那儿的树木不多，所以特别善于行走。狒狒的手脚拇指能对握起来，尤其是两条后腿，还能灵活地从地上拾起石块向敌人投掷。

在东南亚有一种长相奇怪的猴子叫长鼻猴，鼻子特别大，有趣的是，公猴随着年龄的增长，鼻子会变得越来越大，如同一个红色的大茄子挂在嘴的上方。当它激动时，大鼻子会突然鼓起来，并上下晃动，并发出响亮的鼻音。这副滑稽的模样并不是为了搞笑，而是用来吓唬敌人。

吼猴生活在南美洲，顾名思义，它能发出超强的吼叫声，在1千米以外也能听得见。尤其是猴群遇到了敌人，大家一起吼叫起来，那声音简直是惊天动地，警告敌人赶快滚蛋。

狒狒

长鼻猴

吼猴

猩猩

绰号：红毛鬼

因为我披着一身红毛，所以另一个名字叫红猩猩，也有当地人叫我红毛鬼的。很多人将我和黑猩猩混为一谈，其实我们之间还是有很多差别的。首先是毛色不同；其次是手臂要比黑猩猩长一些，个头也要大些；第三个差别是我没有家庭，只有到繁殖季节才和情侣约会，通常我都是单身一人，独来独往。

我生活在印度尼西亚的热带森林中，绝大部分时间都待在树上，很少下地。为了睡觉更舒服，我会用树枝和藤蔓搭起窝床，窝床在十几米高的树上，使我休息时可以万无一失。

猩猩的身高大约1.4米，体重75千克左右。它的性情十分温顺，具有较高的智力，属于相当聪明的动物。有趣的是，它怀抱幼猩猩的动作，竟然和人类母亲怀抱婴儿的动作很相似。

为了了解猩猩究竟有多聪明？究竟有多少地方与我们人类相似？科学家对猩猩进行了专门的训练，结果惊人地发现，它居然能够学会很多的人类动作！例如，它能用餐具吃东西，用铲子挖土，用棍棒威吓和打击来犯者，用杯子喝水。随着训练难度的提高，猩猩还学会了吹口琴，熟练地骑自行车兜风，独立自主地穿衣服、穿袜子、穿鞋子。甚至还会用聋哑人的手势语言与人类进行简单交流。

曾经有几位美国科学家去印度尼西亚的苏门答腊热带雨林，考察当地野生的猩猩，并且和一只猩猩交上了"朋友"。几年之后，其中的一位女科学家再次去那里，遇上了那只久别重逢的"好朋友"猩猩，它竟然像人类那样，张开双臂热烈拥抱女科学家。

黑猩猩

绰号：工匠

很多人说我是世界上最聪明的动物，我也是这样认为。因为，我能做许多复杂的事情，这些事情对别的动物来说，连想都不敢想。举例来说吧，有个人在我面前示范修凳子的全过程，然后，他拿出一张断裂的四脚凳，还在破凳子边上放一把榔头、几块木板和一些钉子。那个人在一边瞧着我，仿佛在说"你会吗"？真是太小瞧人了！我二话不说，模仿这个人的示范动作，拿起榔头，用钉子和木板将断裂的凳子修好。呵呵，说我是动物界的工匠，一点都不过分吧。

物种档案

黑猩猩生活在非洲的热带森林中，体重大约50千克，是猩猩类动物中个头最小的成员，也是最接近人类智慧的动物。首先，它们像人类一样，有喜怒哀乐的表情，快乐时它们会开心地笑，饿了想吃东西时嘴唇就会嘟起，受到惊吓时会大声喊叫，生气时则会显出特别严肃的表情。科学家评论说，能用脸部表情表达感情的动物极少极少，而黑猩猩恰恰是其中之一。

在同类之间，黑猩猩还会用抚摸、拍打等动作来表达感情，彼此间也很懂礼貌，大家见面时会互相问候，问候的方式也很像人，如鞠躬、亲吻或拥抱。

为了测试黑猩猩的智慧程度，科学家将它带进一间空房。黑猩猩看见天花板上挂着一串香蕉，可是够不着，怎么办呢？它发现房间里有空木箱，就搬来一只站上去，可还够不着，它又搬来一只叠在上面，终于拿到了香蕉。这说明，黑猩猩能够像人类那样，通过判断和推理的方法来克服困难。

大猩猩

绰号：大猿

我是类人猿中个子最大的成员，不仅身高达到2米，而且身材魁梧结实，力大无穷，所以人类常常叫我"大猿"，也有人叫我"猩猩之王"。如果我是人类的话，凭借我的高大身材和强壮体格，肯定能成为一名优秀的篮球运动员。

我的居住地在非洲，通常吃嫩枝嫩叶和野果，不会主动招惹其他动物，但是面对凶猛野兽的攻击我也不怕。因为我的反击也不是吃素的，特别是我的"双臂"强劲有力，一掌轰出，就连狮子也受不了。

熟悉大猩猩的人都知道，它经常会做出这样一个动作：双手拼命捶打自己的胸脯，还一边跳跃着，一边"呼哧呼哧"地喘着粗气，样子很恐怖。其实，这是大猩猩向对手显示凶猛，警告对方"别惹我"，免得吃不了兜着走。

大猩猩爱吃的零食是白蚁。一旦发现了白蚁穴，大猩猩很少用蛮力将其摧毁，而是利用工具来"钓白蚁"。它先用手指在白蚁穴上抠出一个小洞，将一根长长的草茎伸进小洞中，等草茎上爬满了白蚁，再把草茎拉出来放到口中，细细品尝着"钓"来的美味。

大猩猩像一个粗犷的大野人，但智商却高得惊人。曾经有一位叫彭妮的美国女科学家，从非洲森林中带回了一只年仅1岁的幼年大猩猩，并给它取名叫可可。彭妮像教育人类儿童那样，教可可学习人类的手语。等到可可7岁时，它已经学会了600多个不同的手语词汇，不仅能用手语和人类交流，还能听懂人类说的很多单词，并能做出恰如其分的反应，成为动物中能使用人类语言最多的"语言明星"。

长臂猿

绰号：臂行者

　　听我的名字就知道，我有两条特别长的手臂，但究竟有多长呢？这样说吧，我的身高还不到1米，可是将我的两条手臂完全伸展开，却有1米半长。当我站起来的时候，双手下垂，手掌竟然能够碰到地面！手臂太长也麻烦，走起路来总是摇摇晃晃，显得很笨拙，双手似乎没有地方放，只好向上举起，做出一副"投降"的怪模样。

　　我的身体和人类有很多相似之处，例如嘴里有32颗牙齿，有A型、B型和AB型的血型，而且还和人类一样是一夫一妻制呢。

物种档案

　　在种类万千的动物界中，猩猩、黑猩猩、大猩猩和长臂猿四类动物的体型最像人类，亲缘关系也与人类最接近，具有超越一般动物的智能，所以被称为"类人猿"动物。长臂猿是类人猿动物中个头最小的，全世界有9种，我国有4种，分别是黑长臂猿、白眉长臂猿、白掌长臂猿和白颊长臂猿。

　　长臂猿是动物中的高空"杂技演员"，虽然地面行走时很笨拙，但穿林越树却如履平地。行动的时候，长臂猿能用单臂把自己的身子悬挂在树枝上，双腿蜷曲，来回摇摆，像荡秋千一样荡越前进，一次腾空移动的距离就有3米远，每次可以连续荡越8~9米。它们的动作灵活、自然、轻松、优美，如同飞鸟一般，令人叹为观止。

　　长臂猿还是哺乳动物中的"歌唱家"，尤其是群体一起鸣叫时，如同一曲气势磅礴的"大合唱"，音调由低到高，清晰而高亢，震动山谷，几千米之外都能听到。它们的这种习性，既是群体内互相联系，表达情感的信号，也是对外显示力量，防止入侵的手段。

老 鼠

绰号：无极限门牙

　　我常常偷吃粮食，还喜欢啃咬植物的根茎，坏事做多了，人类就讨厌我。尽管人类时刻想消灭我们，但我们身体小巧，反应灵活，能在各种环境中生活，所以到现在依然活得很滋润。

　　我的最大特点就是有两对超级大门牙，而且生长无极限，永远不停顿。为了防止门牙长得太长，我要不断啃咬坚硬的东西，使门牙不断地磨损变短。有时候，门牙生长实在太快了，我尽管肚子很饱，也要想法子去磨短门牙，于是，人类家中的箱子、书柜和书籍就遭殃了，被我啃得破破烂烂，成为磨牙的牺牲品。

物种档案

　　老鼠之所以生命力顽强，与它惊人的繁殖能力分不开。例如一对小家鼠，一年能生育七八次，每次产仔6~8个，幼鼠出生后70天又能生出新的幼鼠。按这样的繁殖速度计算，如果不出现其他意外的死亡，这对小家鼠一年能繁殖1万多只，那是多么惊人的数量啊！据不完全统计，地球上老鼠的数量远远超过人类数量的总和，其中亚洲最多，仅仅我们中国，大约就有40亿只！

　　消灭老鼠已经成为人类的重要任务，人类除了制造各种捕鼠器和灭鼠药，还要借助自然界动物朋友的力量。老鼠的天敌有不少，我们最熟悉的猫就是大名鼎鼎的捕鼠能手，此外还有猫头鹰、蛇、黄鼠狼和狐狸等。所以，保护这些老鼠的天敌，就等于消灭了大量老鼠。

　　最后要告诉大家的是，老鼠除了损坏庄稼和家具，还会传染疾病。因为老鼠身上有可能带着鼠疫杆菌，这种病菌一旦进入人体，会引起可怕的鼠疫，如果不及时救治，很容易导致死亡。1348年，欧洲曾出现过一场可怕的鼠疫大流行，死亡人数达到2 500万，几乎是欧洲总人口的三分之一。

　　鼠类是一个庞大的家族，共有1700多种，其中大部分是人们眼里的坏家伙，但也有少数受到人类的宠爱，作为小白鼠的我，就是其中之一。我全身披着雪白的短毛，两只红红的小眼睛，模样十分招人喜爱，但我的价值并不是有趣可爱，而是作为科学家不可缺少的实验对象。

　　为什么科学家研究人类的药物，喜欢用我做实验对象呢？因为我身体内的基因序列和人类的差不多，做出来的实验结果比较准确。当然还有一个原因，那就是饲养我这样的小白鼠比较容易，不会因为缺少实验对象而发愁。看来我还真有点伟大精神，牺牲自己，为人类的医药事业做出大贡献。

旅鼠　　　　　　　　　沙鼠

巢鼠

睡鼠

跳鼠

旅鼠是鼠类家族中很特别的种类。当它们的种群数量急剧增加，达到一定的密度之后，奇怪的现象就发生了。这时候，几乎所有的旅鼠一下子都变得焦躁不安起来，似乎世界末日就要到来。这时，无数的旅鼠形成一支大军，朝着某一个方向浩浩荡荡地出发，沿途不断有旅鼠加入，使队伍越来越庞大，常常多达百万只！它们勇往直前，前赴后继，沿着一条笔直的路线前行，甚至到了海边也不停留，毫无惧色地纷纷地跳下大海，直到被汹涌澎湃的波涛吞没。

值得一提的鼠类还有很多，例如生活在半沙漠地区的沙鼠；身体只有20克重、善于攀爬的巢鼠；贪睡的睡鼠，一年之中有半年时间在睡大觉；还有前腿短、后腿长的跳鼠，跳跃本领超强，用力一跳，竟然能够跃出两三米远。

最后再告诉大家一个鼹鼠的小秘密，它的形状像鼠，名字中也有一个"鼠"字，但却不属于鼠类，而是和刺猬有比较接近的亲缘关系。

松 鼠

绰号：大尾巴

我的名字中有个"松"字，当然和松树有亲密的关系。我住在松树林中，最爱吃的也是松球果里面的松子，当然，如果松球果不够多的话，我也会吃杏仁、橡子、栗子、胡桃等坚果，甚至还会吃松树的嫩枝叶、树皮、蘑菇等，偶尔也会去捕食昆虫和小鸟蛋。有人说我吃东西的样子很像人类，还真是，每当进食开始，我就挺立着身体坐着，像人类用手那样，用前肢抓起食物往嘴里送，从吃东西的样子看，我一点也不像四足兽。

平时，我很少下地，喜欢在树上活动，尤其爱和同伴们在高高的大树上追逐戏耍，享受快乐的时光。

　　松鼠是可爱的森林小动物，面目清秀，身材矫健，四肢轻快，机警敏捷，特别是那条美丽的大尾巴，总是高高翘起，摆出一个人见人爱的造型。松鼠的大尾巴不仅仅美丽，还有很多重要作用呢。例如，松鼠在树上穿越如飞，很容易从高高的树上摔下去，有了这条大尾巴起平衡作用就安全多了。当然，就算一不留神从高高的树上失足摔下，大尾巴上的毛蓬松散开，好像一顶降落伞，使下落速度大大减缓，以免受伤。当严寒的冬季到来时，大尾巴又成了御寒保暖的"被子"。最近科学家发现，松鼠通过摆动尾巴的变化，还能当作互相交流的"语言"呢。

　　松鼠有贮藏食物的习性。在松球果成熟的时候，松鼠便开始忙着挖土掘洞，把采集到的松球果储藏在洞穴中，作为过冬的储备粮。可是松鼠的记性不太好，经常忘了埋松球果的地方，结果到了第二年春天，那儿就生长出许多松树苗。

　　森林中的蘑菇很多，那也是松鼠的美味食物。当雨过天晴，大量的蘑菇长出来后，松鼠就把采下的蘑菇一个个挂在树杈上晒干，这样储藏起来就不会腐烂了。

河狸

绰号：建筑师

很多人说我是"动物建筑师"，我觉得自己受之无愧，那是因为我除了善于筑巢，还会修建堤坝。

我喜欢将家安在河边，而且对居住条件有很高的要求，既要舒适，又要安全，要想建造这样一个巢穴可不是一件容易的事。不过，幸亏我是杰出的动物建筑师，先设计，后挖洞，建造出一个别致的水陆巢穴，一半在地面上，另一半在水下。巢穴有好几个出口，有的开在陆地，有的开在水中，保证水陆两路进出自如，更有利于躲避敌人。

物种档案

河狸又叫海狸，是啮齿动物中体型较大的种类，身长70厘米左右，体重大约20千克。它的前肢相对弱小，但是有尖爪；后肢比较发达有力，而且还有适合划水的蹼，再加上它有条扁平的大尾巴，使它在水中能自如的游泳和潜水。

河狸的建筑才能还体现在建造堤坝上，很多人都奇怪，小小的河狸怎么能建起一道道堤坝呢？科学家通过长期观察才了解到整个过程。一开始，河狸用超级锋利的大门牙将一棵棵树连根咬断，这些树有的如手臂粗细，有的粗如大腿。咬断的树干倒向河中，随水流漂到围堤坝的地方。接着，河狸将树干插入淤泥中当木桩，再不断堆上石块、泥土和较细的树枝，最后形成了堤坝。可新的问题又产生了，河狸为什么要建造堤坝呢？原来，河狸在自己家周围建造堤坝，能够保持附近河水的稳定水位，防止水位降低后，使巢穴的水下出口暴露在外。

河狸主要分布在俄罗斯和北美洲，我国的新疆北部也有，但数量非常稀少，现在已经被列为国家一级保护动物。

兔子

绰号：长耳朵

几乎每个小朋友都知道我的名字，也知道我有两只长耳朵和一根短尾巴。老人们常说，兔子的长耳朵是给人提来提去拉长的，其实这话不科学，那是因为我们经常潜伏在草丛中，需要有一双又长又大的耳朵伸出草丛外，像雷达那样不停转动着，既可以埋头藏身，又可以探听四周动静。在这样的环境中长期生活，我的耳朵就渐渐变长了。

我的另一个特点是走路喜欢蹦蹦跳跳，为什么呢？因为我的前腿短，后腿长，跳着走路更方便，更自在。

物种档案

　　兔子眼睛的颜色往往与它们身上皮毛的颜色一样，只有家兔例外。家兔也就是小朋友喜爱的小白兔，一身雪白的毛，却有一对红红的眼睛，这是怎么回事呢？原来，白兔的体内没有色素，眼睛是无色的，我们看到的红色，实际上是眼睛中血液映出的颜色。根据这个原理，有机会大家可以注意观察一下，小灰兔的眼睛是不是灰色的？小黑兔的眼睛是不是黑色的？

　　兔子的嘴唇长得与众不同，上嘴唇中间裂开，只要张开嘴，就会露出4颗锐利的门牙，这就是我们平时说的豁嘴。科学家告诉我们，这种嘴巴和牙齿特别适合啃咬草根，所以，大草原中的牧民会把野兔看成是危害草原的敌人。

　　在寒冷的北方地区有一种雪兔，它的皮毛颜色会随着季节的不同而发生更替。到了夏天，万木复苏，雪兔的皮毛呈棕色，与周围的环境相似融合，有利于藏身。到了冬天，四周是白茫茫的冰雪世界，它又会换上一身厚厚的白毛，既能保暖抗寒，又可以使自己隐身在白雪皑皑的环境中，不容易被狼发现。

雪兔

图书在版编目（CIP）数据

肚兜先生：兽类王国大揭秘三 / 裘树平编著. — 上海：上海科学普及出版社，2017
（神奇生物世界丛书 / 杨雄里主编）
ISBN 978-7-5427-6950-3

Ⅰ. ①肚… Ⅱ. ①裘… Ⅲ. ①有袋目—普及读物 Ⅳ. ①Q959.82-49

中国版本图书馆CIP数据核字（2017）第 165787 号

策　　划　蒋惠雍
责任编辑　柴日奕
整体设计　费　嘉　蒋祖冲

神奇生物世界丛书
肚兜先生：兽类王国大揭秘三
裘树平　编著
上海科学普及出版社出版发行
（上海中山北路832号　邮政编码 200070）
http://www.pspsh.com

各地新华书店经销　　上海丽佳制版印刷有限公司印刷
开本　787×1092　1/16　印张 3　字数 30 000
2017年7月第1版　　2017年7月第1次印刷

ISBN 978-7-5427-6950-3
定价：42.00元
本书如有缺页、错装或损坏等严重质量问题
请向出版社联系调换
联系电话：021-66613542